MÉLANGES HIPPOLOGIQUES.

1° L'ÉTOFFE ET LE SANG

2° PRODUCTION ET ÉDUCATION DU CHEVAL

CHEZ LES ANCIENS,

PAR CH. DE SOURDEVAL,

Membre de plusieurs Sociétés savantes.

TOURS

IMPRIMERIE LADEVÈZE, RUE NATIONALE,

1850.

HIPPOLOGIE.

L'ÉTOFFE ET LE SANG.

Influence du climat et du sol. — Du croisement. — Du régime. — Des migrations. — Amélioration en dedans et en dehors. — Pur sang anglais et arabe. — Conclusion.

L'étoffe et le *sang* sont comme les deux pôles de la sphère chevaline. Un cheval qui n'a pour lui que l'*étoffe* est une masse inerte, fonctionnant à peu de résultat; un cheval qui n'a que le *sang* est une ombre fugitive dont l'utilité réelle est difficile à saisir. C'est le contrepoids, l'équilibre de ces deux forces qui forment le bon cheval à tous les degrés de l'échelle.

Nous appelons *étoffe* le développement de la masse osseuse et fibreuse du cheval, indépendamment de son énergie. On sait ce qu'on entend généralement par *pur sang* : un cheval sorti, sans mélange, d'une souche orientale. Mais nous nous bornons à qualifier *sang*; l'énergie, l'âme du cheval indépendamment de sa masse. La première de ces qualités semble particulièrement liée à un tempérament lymphatique, ou à un tempérament musculaire; la seconde à un tempérament nerveux. Nous demandons la permission, pour cet article seulement, de nous placer au-dessus de la définition du *sang*, telle qu'elle est admise au *Stud-Book* et sur le *Turf*; nous écrivons aujourd'hui pour le simple éleveur de la prairie, non pour le *Sportman* du *Paddock*. Nous voulons faire un cheval à bon marché et pourtant un bon cheval. Nous écoutons, sans peine, la voix du maquignon qui nous dit : « Le *sang*, pour nous, est moins le résultat de la filiation que l'expression du tempérament du cheval ; si vous prenez une race du sang le plus pur, et que vous l'établissiez dans un pays de grosse herbe, cette race, quoique perpétuée sans mélange, aura, au bout de peu de générations, perdu tout son sang, et sera passée au tempérament *lymphatique* ; à peine gardera-t-elle la trace de ses belles formes primitives ; son cadre sera grandi et décousu, ses côtes seront aplaties, ses pieds évasés, ses jambes chargées de crins. Si, au contraire, vous prenez une race lymphatique, formée dans les marais, et que vous le transportiez sur les côtes pierreuses du Limousin, vous verrez, là, sans le secours d'aucun croisement, le tissu flasque se resserrer par degrés, le système lymphatique faire place au système nerveux, la race, en un mot, prendre du sang. » Voilà le langage que nous avons entendu tenir à des vétérans de la pratique chevaline.

On sait, en effet, que le cheval né dans le marais, et transporté sur le coteau pendant son adolescence, s'y purifie et prend du feu ; tandis que le cheval né sur le plateau s'amplifie dans le marais aux dépens de ses qualités énergiques ; voilà donc deux forces de la nature, celle produisant l'*étoffe* et celle produisant le *sang*, qu'il importe de constater afin d'en tirer l'emploi le plus utile. Les prairies grasses, ou bien une nourriture analogue, telle que les navets, les betteraves, le son, forment essenciellement l'étoffe, et ne donnent pas de sang ; elles laissent le cheval incomplet ; le coteau sec donne uniquement le sang, mais pas d'étoffe ; le cheval y est encore incomplet.

Avec de la dépense et du soin, l'éleveur peut, sur presque tous les sols, obtenir pour ses chevaux les proportions d'étoffe et de sang qu'il désire ; mais avec les seules forces de la nature, il en est autrement. Presque partout les terrains tendent à exagérer les qualités qui leur sont propres. Le secret de l'éleveur au pâturage est d'exploiter habilement les qualités émanant de son sol, de suppléer à celles qui y manquent, de combattre les défauts qui y sont inhérents. Il a à sa disposition trois moyens pour varier et pour équilibrer, selon sa volonté, les proportions de l'étoffe et du sang ; ces moyens sont : le *sol*, le *croisement* et le *régime*.

L'idée de se conformer au *sol* est l'idée naturelle par excellence ; elle a été adoptée généralement, et c'est justice, mais presque toujours elle s'est étendue jusqu'au préjugé et à la routine. Elle a favorisé les qualités offertes par le terrain, elle n'a pas vu les défauts, tristes parasites de ces qualités. S'agit-il d'une contrée qui développe la charpente du cheval ? Tous les efforts sont dirigés vers l'augmentation indéfinie de la masse ; les croisements sont combinés en ce sens, la nourriture de la prairie est suppléée dans ce but unique, la préparation à la vente offre un mode d'alimentation destiné à faire paraître le cheval plus gros encore qu'il n'est réellement ; on ne fait attention ni aux pieds plats, ni aux épaules et aux croupes difformes, ni à la fluxion périodique résultant de l'engraissement excessif. S'agit-il d'un pays sec comme le Limousin ou la Navarre ? toutes les idées sont au cheval de sang ; il faut des jarrets, des pieds, un garrot, une tête de telle façon. Le pâturage, en effet, soigne très-bien toutes ces parties, il les dessèche et les épure à merveille, mais il ne donne pas cette bonne couche d'étoffe, sans laquelle le plus noble cheval du monde n'est qu'un squelette peu environné d'acheteurs.

Il importe, avant tout, de confier à chaque terrain la race de chevaux qu'il est le plus apte à produire ; on tire ensuite partie de l'action des races opposées s'alliant sur le même sol ; c'est le système des *croisements*, si utile pour corriger les tendances extrêmes de la nature. On peut, de même, tirer parti de l'action de sols opposés dans la formation d'un même cheval ; c'est le système des *migrations*. Il est fort avantageux d'aider ces divers moyens l'un par l'autre : le *sol*, le *croisement*, la *migration* ; mais la perfection serait d'appuyer le tout par un régime bien combiné et bien suivi.

Transportons-nous d'abord sur une prairie grasse, où nous trouvons une race purement indigène. Cette race, quelle que soit son origine, a de l'étoffe, mais une tournure commune, une démarche molle, c'est un *corps sans âme*. Elle a, du reste, pour qualité, une grande précocité de formation ; dès l'âge de deux ans, le mâle et la femelle sont aptes à la génération ; la jument est d'une fécondité annuelle et donne du lait en abondance, elle se maintient grasse pendant qu'elle nourrit son poulain et qu'elle en développe un autre dans ses flancs. Cette race, inhérente au sol, se reproduit avec la même facilité que les graminées de la prairie. Un éleveur habile se garde bien de substituer une espèce exotique à une race qui lui présente tant de qualités naturelles ; il songe à développer celles-ci et à les isoler des défauts qui leur sont connexes dans l'état d'inculture. Il trouve l'étoffe sur le sol natal, il s'agit de la relever par le sang. Pour cela il se sert de la jument indigène, absolument comme en horticulture on se sert d'un sauvageon vivace, rustique, profondément enraciné, pour le greffer de rameaux recherchés, et obtenir, par ce moyen, des fruits aussi bons que brillants. Si la race locale se trouve posséder un degré suffisant d'étoffe et de régularité, il l'allie directement à l'étalon de pur sang; si, au contraire, cette race pèche par quelques vices de conformation, il cherche à corriger ces défauts pendant une ou deux générations, par l'emploi d'étalons de peu de sang, mais de beaucoup d'étoffe, et très-réguliers dans leur conformation; car, ainsi que je l'ai dit autre part, la marche à suivre, en fait de croisement, est celle-ci : grossir les types défectueux, régulariser les gros, donner le sang aux réguliers. La méthode que j'indique décrit une sorte de parabole pour aller du sauvageon à la race pure, en passant par le grossissement et la régularisation, elle a l'avantage de ne pas laisser un intermédiaire décousu comme le fait la méthode du croisement direct, indiquée par M. Huzard fils (1), et recommandée par M. le prince de la Moskova, président de la Société d'Encouragement (2) : « Si la race à améliorer est très-éloignée, pour les formes, de celles que l'on veut avoir, dit M. Huzard, les premiers croisements donnent pour résultats des métis qui sont

(1) Des haras domestiques, page 129.

(2) Dans trois articles insérés au Constitutionnel, dont les deux derniers sont à la date du 5 et du 8 juillet 1847.

assez généralement *décousus*, dont les formes sont peu agréables, et dont les individus qu'on veut vendre, fussent-il bons pour le service, n'ont qu'une valeur minime. Mais en agissant ainsi constamment, à chaque génération nouvelle ou à un changement progressif dans la race ancienne des mères, les produits finissent par, ressembler complétement à la race des pères. » Dans ce système, si le point de départ pèche par une absence d'étoffe, on ne sait pas comment l'étoffe s'acquerra; si au contraire on décrit notre parabole, l'étoffe se forme d'abord, la distinction vient ensuite.

Le propre de la prairie grasse étant toujours d'éteindre le sang au profit de la lymphe, on comprend qu'il est impossible d'y naturaliser le pur sang. Si l'on tente de l'y introduire comme point de départ, on peut être certain qu'au bout de trois ou quatre générations, la lymphe aura pris le dessus; de même, on ne peut songer à perpétuer sur le sol dont il s'agit un degré moyen de sang, à l'aide d'un métissage prolongé, sans nouveaux croisements; ce système aboutirait encore à la lymphe. La seule manière de maintenir le sang sur la prairie grasse, c'est par les croisements renouvelés à toutes les générations; il faut, pour cela, s'appuyer sur la jument indigène, la choisir ou la faire naître dans un état convenable d'étoffe, de régularité et de distinction. Cette jument, qui tient à la terre dont elle est en quelque sorte la fille, y puise sa force comme un véritable Anthée, pour porter le sang qu'on lui confie. Mais, si elle-même a été trop détachée du sol par les croisements réitérés de ses aïeux, elle peut n'être plus également apte à bien développer une génération de sang. Elle est alors dans une condition bâtarde, n'ayant ni assez de sang pour son peu d'étoffe, ni assez d'étoffe pour son peu de sang. La marche que nous indiquons ici a été suivie, d'une manière incomplète et pourtant avec assez de succès, sur les pâturages de Saint-Gervais, en Vendée. La race, autrefois destinée surtout à la production des mulets, et, par conséquent très-commune, a d'abord passé au type carrossier par un effet de l'alliance avec les étalons de l'État. Aujourd'hui nous voyons cette même race, toujours avec la même alliance, s'assimiler les formes du pur sang. Elle y perd quelquefois trop de son étoffe, qui était pour elle une qualité primordiale, elle ne la remplace pas toujours, dans une proportion suffisante, par les qualités propres du *sang*. Mais le basard, les circonstances, plutôt qu'un plan suivi, ont conduit cette marche ; ils ont suffi toutefois pour jeter beaucoup de lumières, mais aussi pour indiquer une faute commise : la diminution de l'étoffe. Il fallait maintenir cette étoffe à certaine distance du sang et presque indépendante de lui, la lui rattacher à propos, mais bien se garder de la laisser s'y fondre.

Si maintenant nous quittons la prairie grasse pour le plateau sec et tonique, nous allons trouver des éléments tout opposés. Ce que l'on confie à ces prairies, au lieu de se ramollir et de se délayer dans la lymphe, se raffermit et se dessèche. La nature y détruit l'équilibre au profit du *sang*, comme elle le détruit sur la prairie grasse, au profit du système adipeux. Il faut ici, comme dans le marais, consulter le sol et prendre la race locale pour base de ses opérations. Cette race a trop de *sang*, c'est-à-dire qu'elle à le système nerveux trop développé; elle manque de chair, de taille; ses pieds raccornis s'encastèlent; les animaux des deux sexes s'y développent lentement, péniblement; la femelle y est peu féconde, peu laitière; en un mot, toute la race végète dans une distinction stérile; au lieu de présenter un *corps sans âme*, comme la race du marais, c'est plutôt une *âme sans corps*. Il nous semble qu'il suffit de définir ainsi le mal pour indiquer le remède; que ce n'est point en greffant *sang* sur *sang*, dans un pays où le sang surabonde, que l'on obtiendra de bons résultats. Il faut ici rétablir l'équilibre au profit de *l'étoffe* comme dans le marais, il faut le rétablir au profit du *sang*. Plus donc la jument est chétive et desséchée, plus elle a besoin d'être retrempée par l'alliance du cheval d'étoffe. Cette alliance assurera au poulain qui doit naître des qualités que la mère et le pays seuls ne peuvent donner : un degré suffisant de muscles et de lymphe pour empêcher le sang de se concentrer à l'excès, la faculté de se développer plus largement et plus hâtivement, de manière à épargner bien des dépenses, bien des accidents; car plus un cheval est délicat et tardif, plus il est sujet aux tares. Eh! comment craindrait-on d'apporter de la lymphe sur une prairie qui la dévore et la transforme en sang? En semant ici l'étoffe et la lymphe, vous êtes certain de faire naître le sang, comme vous êtes sûr, dans le marais, de récolter la lymphe à la place du sang que vous avez jeté. Nous ne voulons pas dire qu'il faille chasser le *sang* des pays des prairies sèches. Loin de là! le sang est leur élément naturel, nous disons seulement que le sang doit toujours être appuyé sur une proportion convenable d'étoffe; qu'avant tout il importe de s'assurer une poulinière fortement musclée. C'est quand on a l'avantage de posséder celle-ci, mais seulement alors, qu'on peut rechercher l'étalon de pur sang, hors de là on ne fera jamais rien qui soit digne du père. Sur la prairie sèche, l'étoffe doit être importée avec assez de tact pour ne pas compromettre le sang, de même que, sur la prairie grasse, le sang doit être infusé avec assez de précaution pour ne pas compromettre l'étoffe.

Nous venons d'indiquer les règles d'après lesquelles il nous semble que les croisements devraient être conduits sur différents sols. Nous avons supposé que sur les deux terrains mis par nous en présence, le marais et le plateau, le cheval ne reçoit presque aucun soin de la main de l'homme, que la prairie fait tous les frais de la nourriture, que, par conséquent, l'influence de celle-ci prédomine dans la formation du tempérament du cheval. Cette influence, au contraire, est susceptible de se modifier par le régime qu'adopte l'éleveur pour son haras. S'il habite un canton de prairies grasses, il peut combattre l'excès de la lymphe par un supplément de nourriture tonique; s'il réside sur le plateau, il peut, au contraire, employer avec succès les fourrages mucilagineux; il oppose une digue à l'influence excessive du sol, aussi bien par la nourriture et les soins que par le croisement. En un mot, un éleveur sera toujours certain de perfectionner sa race quand il saura bien combiner les trois éléments : *le sol*, *le croisement*, *le régime*. Il peut alors s'élever au-dessus du simple secours prêté par le croisement exotique, il peut arriver à l'amélioration en dedans. Nous reviendrons, tout à l'heure, à l'appréciation de cette manière de procéder, mais, auparavant, nous allons épuiser la question du sol en parlant des migrations de poulains.

Ainsi que nous l'avons dit en commençant, on peut combiner l'action de plusieurs sols dans la formation du même cheval, comme on peut combiner l'action de plusieurs races sur un même terrain. Le sol gras nourrit, développe largement le poulain, mais, à la longue, il le délaye et l'amollit; le sol sec concentre trop les tissus, les développe mal, tardivement, mais il donne du ton et de l'énergie. Il y a moyen d'employer ces deux forces à l'encontre l'une de l'autre. Mais ce moyen, quel est-il? conduira-t-on indifféremment l'enfant de la prairie grasse à la prairie sèche, l'enfant de la prairie sèche à la prairie grasse? la première marche est suivie de temps immémorial, à l'égard des poulains nés dans les plantureux herbages des bouches de l'Elbe, de l'Ems et du Wéser, et emmenés, pendant leur adolescence, soit sur les plateaux du Hanovre, soit en Prusse, ou en Mecklenbourg. On peut encore rapporter à ce système la migration des poulains du Cotentin et du Poitou vers le bocage de la Normandie, ceux des côtes du Poitou et de la Saintonge vers le Berry. Dans le sens opposé, on peut citer les poulains nés en Arabie et élevés presque tous soit en Egypte, soit dans les prairies fertiles de la vallée de l'Euphrate; on peut citer aussi les poulains du Limousin, envoyés, sous le patronage de la *Société d'encouragement de Pompadour*, dans les pâturages plus abondants du Poitou ou de l'Auvergne; enfin, dans un ouvrage récent, M. Riquet nous fait connaître que les poulains chétifs du Jutland sont envoyés dans le Sleswic et le Holstein, pour y prendre du corps.

Ce dernier système qui produit, certes, des résultats fort appréciables, ne me paraît pas aussi rationnel que l'autre; sur la prairie sèche, le cheval naît mal développé par les flancs de sa mère, il est faiblement allaité, son entrée dans la vie est souffreteuse, sa croissance tardive. Si vous le prenez dans cet état de misère et que vous le conduisiez sur la prairie grasse, il recevra du développement, il est vrai, il conservera des formes distinguées, mais il perdra du *sang* et se chargera de lymphe. Au moment de la vente et de la mise en service, l'humeur lymphatique aura pris le dessus, ce qui est un contre-sens, tandis que l'étoffe acquise ne sera pas suffisante pour effacer le vice primitif d'une conformation maladive et exigüe; le déchet sera considérable, eu égard au nombre de têtes. On se sera donné beaucoup de peine, on aura pris bien des détours, pour produire une œuvre mal assise sur sa base, et ramollie à sa surface.

Sur la prairie grasse, au contraire, la jument est précoce, féconde, bonne laitière, le poulain se développe à merveille dès le sein de sa mère, il prend un accroisement remarquable dans le premier âge, alors que dominent les tissus tendres et cartilagineux. La prairie lui est salutaire pendant toute la période de sa croissance qui se termine avec la seconde année. C'est alors qu'il est temps de faire émigrer le jeune cheval, parce que les principes grossissants de l'herbage, ne s'appliquant plus à sa croissance, se concentrent en une formation lymphatique et obèse. Le poulain, pris dans ce moment opportun et conduit sur une prairie élevée, sèche, aromatique, se purge de ses humeurs; ses os et ses chairs se condensent, ses pieds bien développés se durcissent, ses muscles se dessinent, sa tête se dégage et se redresse, ses yeux s'animent ; il reçoit de la nature un véritable *entraînement* ; la riche étoffe dont il est pourvu se raffine et se lustre par la prédominence du *sang*.

Ce serait donc un mode bien efficace de production, d'élevage, d'amélioration, que faire naître le cheval sur la prairie grasse où il se forme si bien le corps, et achever son éducation sur la prairie haute qui lui donne les qualités morales.

Voilà les divers partis que l'on peut tirer du sol pour l'amélioration des chevaux; maintenant arrivons à la question de l'amélioration en *dedans* et de l'amélioration en *dehors*, que nous avons réservée.

Cette question me paraît surtout devoir se résoudre par le degré de soins, par le régime qu'une population d'éleveurs accorde aux animaux, objets de son industrie. Dans ce régime, la nature de l'herbage doit entrer aussi en considération; si l'herbage est maigre, en même temps que le soin est nul, comme sur les landes de la Guyenne, de la Loire-Inférieure ou de la Sologne, on ne peut améliorer ni en *dedans* ni en *dehors*. Si l'on cherche à améliorer par l'*étoffe*, le sol refusera le supplément de nourriture nécessaire au nouveau produit; si c'est par le *sang*, on obtiendra un peu plus de gentillesse, mais le produit sera plus délicat, plus difficile à former, il ne donnera pas plus de bénéfice à son éleveur que le sauvageon.

Si les soins sont médiocres, mais sur une bonne prairie, soit de vallée, soit de coteau, l'amélioration en dedans est encore difficile à obtenir, parce que ces effets sont limités par les défauts mêmes du terroir. Ainsi, dans la prairie grasse, les efforts pour améliorer en dedans tournent toujours à la lymphe, tandis que la propension au tempérament nerveux sera l'écueil des efforts tentés sur la prairie sèche. Un sol ou un degré de soins suffisant pour maintenir, dans une race, un juste équilibre d'étoffe et de sang se prête seul à l'amélioration en dedans. D'un autre côté, plus une race est rustique, moins elle exige de soins pour être apte à l'amélioration intérieure. Ainsi, en France, plusieurs de nos races de trait ont été améliorées en dedans et se soutiennent très-bien sans croisement extérieur. C'est qu'elles sont pourvues d'étoffe et d'énergie dans une convenable proportion et que les demi-soins qu'elles reçoivent de leurs éleveurs ou de la nature suffisent à leur constitution rustique. On peut dire qu'il y a dans nos meilleures races de trait un certain agencement de formes, mu par un feu particulier qu'il serait imprudent de détruire ou de laisser perdre; on doit donc, avec ces races, être bien sobre de croisement extérieur. Dans la race percheronne, par exemple, qui est si homogène et d'une valeur si éprouvée, les croisements ont rarement réussi, et le cheval d'apparence croisée y perd une partie de sa valeur sur le marché. Il n'en est pas ainsi dans nos races légères, nulle part en France elles ne reçoivent assez de soins pour leur nature délicate; abandonnées généralement à la prairie, elles se laissent presque toujours conduire ou à l'excès de *lymphe* ou à l'excès du *sang.*[8] Ce double écueil ne peut être évité que par un régime attentif ou par un système de croisement raisonné. Il nous est très-difficile d'obtenir des éleveurs cet ensemble de soins délicats et trop souvent dispendieux qui est nécessaire au progrès et même au maintien des races distinguées; le goût des éleveurs n'est pas assez prononcé, et les primes offertes par le commerce et la consommation ne sont pas suffisantes. Ce que nous pouvons souhaiter à l'égard de nos races nobles ou militaires, c'est moins de les faire progresser par elles-mêmes que de les garantir de la décadence au moyen de croisements sans cesse renouvelés.

Nous avons, autant qu'il nous a été possible, indiqué comment le sang doit être employé à l'égard des terrains et des races diverses auxquelles on voulait l'adresser; il nous reste à énoncer quelques considérations sur la différence du sang arabe et du sang anglais, car l'un et l'autre ne doivent pas être employés de la même manière dans le croisement.

Des volumes ont été écrits sur la prééminence de chacune de ces deux races. Nous les trouvons excellentes toutes les deux, mais pour des emplois divers; la race arabe, plus sobre, convient mieux à un élevage très-simple; la race anglaise, plus développée par de longues traditions de soins, peut arriver à des résultats supérieurs, mais entre des mains très-habiles seulement, ou bien sur un herbage d'une nature merveilleuse.

Arrêtons un instant nos regards sur le pur-sang anglais; s'il est l'objet de notre admiration et de celle de tous les peuples, ce n'est pas sans motifs. Il est une merveille de la nature perfectionnée par la civilisation; il réunit, à un éminent degré, l'équilibre du *sang* et de l'*étoffe;* il est de plus une expression très-remarquable de *l'amélioration en dedans*.

Le turf britannique remonte, comme on sait, au

règne de Jacques Ier. Depuis cette époque jusqu'à Charles II, les courses s'exécutèrent indifféremment par des chevaux de toute race et de tout âge. Jacques Ier et quelques lords achetèrent des chevaux d'Orient, qui, tantôt vainqueurs et tantôt vaincus, firent cependant apercevoir, à la longue, que le sang arabe, à étoffe égale, l'emportait en énergie sur le sang européen. Le roi Charles II, prince magnifique et prodigue, créa, en conséquence, un haras d'étalons et de juments d'Orient; les principaux seigneurs de sa cour firent de même. Bientôt le roussin indigène fut banni de l'hippodrôme, et la lice ne fut ouverte qu'à des chevaux de race éprouvée. La race de pur-sang fut formée de 1670 à 1700; on présume qu'elle est toute d'origine orientale; cependant on ne peut l'affirmer absolument, et si quelques gouttes du sang indigène de premier choix s'y trouvent mêlées, c'est en si petite quantité que ces légères taches avaient disparu avant 1700. La race de pur-sang a, depuis cette époque, subi plusieurs phases; d'abord, on observa que les étalons arabes ou barbes, lesquels étaient de très-petite taille relativement aux chevaux d'Europe, alliés à des juments anglaises, produisaient plus grand, plus fort qu'eux. Ensuite, les générateurs des deux sexes étant surtout recherchés parmi les vainqueurs de l'hippodrôme, les conditions de forme les plus avantageuses pour la vitesse se dessinèrent, pour ainsi dire, d'elles-mêmes sous le palme de la victoire. La génération, dirigée par l'épreuve, developpa à la longue des formes et une aptitude qui s'éloignaient de celles recherchées, dans le même temps, pour le manége, sur le continent.

Ce que chacune des deux sectes hippiques, les hommes de turf et ceux de manége, rechercha, elle l'obtint, et cela en partant d'un point commun, le cheval arabe. Les écuyers trouvaient une souplesse infinie dans les barbes, les espagnols, les navarins, les limousins; tandis que les *turfmen* avaient conquis pour leurs *race-horses* une vitesse inconnue ailleurs qu'en Angleterre. Mais les chevaux espagnols et limousins, confiés aux seules ressources du sol et du climat, ont dégénéré, c'est-à-dire que leurs belles formes ont dévié des proportions primitives, se sont étiolées, chargées de tares héréditaires; ils ont conservé leur *sang*, mais sous un haillon d'*étoffe*. En Angleterre, le pur-sang, une fois tiré de l'Orient, a été entouré de tant de soins que, loin de dégénérer sous un climat si différent de celui de l'Arabie, il n'a fait que grandir en étoffe et en vitesse. Au lieu de recourir sans cesse à la source génératrice, comme nous le faisons dans les départements du midi, pour réparer les torts du sol et de notre négligence, les Anglais se sont appliqués à construire leur édifice avec les matériaux mêmes de leur première fondation, mais sans cesse remaniés et fortifiés par les soins. Leur point de départ était ce que la nature elle-même présentait comme son chef-d'œuvre, le coursier d'Arabie; ils se sont, en quelque sorte, élevés au-dessus de ce degré, puisque le cheval anglais règne aujourd'hui sur l'hippodrôme à l'exclusion de son cousin d'Orient. Tel est le cheval de pur-sang anglais; les *turfmen* peuvent avoir des motifs plausibles de le considérer comme supérieur au cheval importé d'Orient; mais nous autres, éleveurs français, qui employons l'alliance de pur-sang, non point à fonder une race pour l'hippodrôme, mais simplement à raviver nos races menacées de décadence, devons-nous faire la même distintion? Non, sans doute, et l'administration française à parfaitement raison d'inscrire sur son *stud-book* le cheval d'Orient à côté du cheval anglais. Je dirai plus, le sang arabe est d'une plus facile réussite dans notre élevage négligé que ne peut l'être le sang anglais. En effet, celui-ci développé à force d'art, pétri de soins et de dépenses, subit une détérioration d'autant plus grande dans la génération que ses suites sont plus négligées, plus abandonnées à la nature, et nourries sur des terrains plus maigres. Le cheval arabe qui s'est formé dans un régime très-sobre, à l'entour de la tente du Bédouin, nous arrive avec moins d'étoffe que le cheval anglais, mais le régime de sobriété auquel il est fait, permet à ses suites de vivre avec moins de dépréciation sur nos pâturages; elles y conservent relativement plus d'étoffe et plus de sang. On a surtout fait cette remarque dans nos départements du midi qui, offrant un herbage plus tonique que subtantiel, ont vu les produits de l'arabe réussir mieux que ceux de l'anglais. Nos pâturages de l'ouest, au contraire, ont à peu près suffi pour nourrir des poulains de sang anglais, pour les développer avec un degré satisfaisant d'étoffe et de distinction; c'est ce qui a fait dire que nos départements du nord conviennent plus particulièrement à l'alliance anglaise, ceux du midi à l'alliance arabe. On ne s'est peut-être pas assez rendu compte des motifs de cette différence; on a fait la part du climat trop grande, on s'est dit que le cheval arabe était plus près de sa patrie dans le midi, le cheval anglais plus près de la sienne dans le nord. Il y avait là une différence de nourriture plutôt que d'atmosphère ; le midi nourrit peu, et le cheval arabe, né sobre, se contente, pour une génération ou deux, de ce qu'il y trouve ; l'anglais, plus mangeur et plus difficile, y dégénère plus rapidement ; pour lui, le véritable climat, c'est l'*œil du maître*, et le soin qui en découle. L'excellente qualité de nos pâturages du nord-ouest remplace, pour ce cheval, jusqu'à un certain point l'œil du maître ; il s'y soutient pendant quelques générations, comme l'arabe dans le midi.

Si maintenant nous résumons ce qui précède, nous dirons : En France, l'élève du cheval et particulièrement l'élève du cheval de selle se fait beaucoup plus sous l'influence de la prairie que sous la protection des soins de l'homme. Le problème à résoudre pour faire prospérer le cheval dans cette condition, c'est de bien consulter le sol, d'en tirer tout le parti possible, de profiter des ressources qu'il nous offre pour confectionner l'étoffe ou pour épurer le sang, de tenir toujours un contrepoids prêt pour rétablir l'équilibre contre les propensions trop fortes du terroir. Dans une situation si délicate, la production des races militaires ne peut se soutenir d'elle-même, parce qu'elle tend beaucoup trop à s'abandonner au sol et à subir ses conséquences excessives ; cette industrie est trop incertaine dans ses bénéfices pour se résoudre à faire des sacrifices en étalons. Livrée à elle-même, elle se servira de rejetons indigènes qui, au bout de quelques générations, auront affaibli les races, soit de vallée, soit de plateau, à tel point que les éleveurs sentiront la nécessité de changer le cours de leur industie, d'élever des chevaux de trait, ou des bœufs ou des mulets. L'intervention de l'État est nécessaire pour soutenir nos races de selle à un niveau raisonnable de production et de qualité. Je dis *niveau*, je ne parle pas de *progrès;* car, dans leur situation actuelle, nos éleveurs n'ont ni assez le goût du cheval, ni assez de bénéfices en perspective pour faire les sacrifices nécessaires au progrès. Il s'agit donc de faire naître entre leurs mains des chevaux qui s'élèvent, en quelque sorte, tout seuls, qui ne demandent presque ni soins ni dépense, et qui pourtant arrivent à être des chevaux de figure et de qualité. Nous croyons en avoir indiqué le moyen, qui consiste à faire naître sur chaque sol, à l'aide de races locales et rustiques, la jument aussi développée que possible, puis à féconder celle-ci, à vivifier ses produits par l'infusion du *sang*, mais on ne doit jamais confier le pur sang à une jument non suffisamment conformée; on ne doit point le mettre en contact absolu avec un sol incapable de le nourrir, et qui le laisse ou se délayer dans la lymphe, ou s'évaporer dans les nerfs. Dans notre système nous faisons la part de la jument très-large, et nous diminuons dans une propotion correspondante celle de l'étaton. Pour ce genre de croisement, un étalon de très-haut prix est superflu; un cheval de sang nous suffit, qu'il soit anglais, arabe, barbe, persan ou turcoman, peu nous importe, pourvu qu'il soit bien conformé et énergique. Nous croyons qu'il n'est sur la terre aucun étalon, quels que soient ses qualités et son haut prix, qui puisse utilement fonder une race à travers l'insuffisance de la jument, du sol et du régime. Dans notre élevage rustique, le pur-sang doit être employé uniquement comme Pygmalion employa le feu du ciel, à animer une statue d'abord sculptée dans un bloc terrestre, non à faire la statue elle-même.

CH. DE SOURDEVAL.

PRODUCTION ET ÉDUCATION DU CHEVAL

CHEZ LES ANCIENS.

L'histoire du cheval, de même que celle du bœuf, de l'âne, de la brebis, du chien, enfin de la poule, est aussi ancienne que l'histoire de la civilisation. Il semble que, pour se constituer en société, l'homme ait eu besoin de l'auxiliaire de ces modestes alliés. Le sauvage, qui les néglige ou les dédaigne, vit dénué de tout : pour lui, la terre revêt inutilement sa plus brillante parure, elle demeure sans récoltes : les bêtes fauves, qui le fuient, n'offrent qu'un appât incertain à ses fatigues, à ses dangers. Les animaux domestiques furent le premier élément de la richesse ; leur possession dut même précéder l'agriculture, car les peuples sont pasteurs avant d'être laboureurs. C'est à l'aide de son bétail que l'homme ouvre le sein de la terre, qu'il en fait naître et en utilise les meilleurs produits, qu'il transporte ceux-ci d'un lieu à un autre et établit ainsi le commerce. Au chien fidèle il confie sa garde et celle de ses troupeaux, au cheval énergique il demande l'allégement de ses travaux, la multiplication de son activité et une héroïque assistance dans les combats.

Le cheval, ce compagnon si intime de l'homme, se forme par excellence sous la main de son maître ; la vie sauvage ne lui va pas, elle le laisse incomplet, elle le dégrade. Pour qu'un cheval arrive à toute sa perfection, il faut que ses alliances soient choisies, que sa nourriture soit assurée et réglée tout à la fois sur le sol le plus favorable ; l'anarchie des croisements détruirait toutes ses qualités élevées, abâtardirait les plus nobles races. Si, dans l'Arabie même, ce désert privilégié où le cheval semble être descendu du ciel, le pêle-mêle venait à s'établir entre la race noble, *Koclani*, et la race ignoble, *Kadischi*, la figure magique du coursier d'Idumée disparaîtrait à jamais sous une humiliante métamorphose. Les haras à producteurs d'élite sont aussi anciens que l'agriculture, nous n'en voulons d'autre preuve que la sublime figure tracée par Job du cheval de son temps ; quoique cette peinture soit toute morale, que de physique il n'y ait pas un mot, notre imagination revêt tout d'abord ce moral de la forme arabe.

Et pourtant nous ne savons ce que furent dans l'antiquité et la famille arabe et tout ce que nous appelons aujourd'hui race orientale. Les historiens n'en parlent jamais. Les bas-reliefs, les peintures des monuments d'Egypte, quelques sculptures de l'Asie-mineure nous en offrent des traces où l'incertitude du dessin laisse entrevoir le cachet de la race plutôt qu'elle n'en précise les formes. Les chevaux des Perses, des Mèdes, des Parthes, ceux que Salomon tirait d'Égypte et de Cora, nous apparaissent à l'état d'indication, jamais de description positive. Nous devinons que ces chevaux étaient bien affiliés, élevés avec soin, nous n'en avons aucun témoignage détaillé. Mais renfermons-nous surtout dans l'antiquité classique ; celle-là eut éminemment le talent de se faire comprendre ; sa poésie, ses œuvres d'art sont toujours pittoresques, et souvent elle nous parle dans une prose toute confidentielle. Cependant, il faut en convenir, la prose hippologique des grecs nous laisse beaucoup à désirer.

Le cheval grec vit beaucoup plus chez les poëtes et les artistes que chez les simples prosateurs. Les poëtes l'animent d'un feu divin, mais laissent tout son physique dans le vague; les artistes, tantôt font comme les poëtes et lui donnent une grande animation sous des formes inacceptables, ainsi que la chose a lieu notamment sur les vases peints, et sur les pierres gravées; tantôt ils nous retracent un physique lourd avec absence de vie. Quelques œuvres choisies, comme les frises du Parthénon, présentent seules le cheval dans toute sa perfection, avec un juste équilibre des formes et de la physionomie. Les chevaux du Parthénon sont élégants, nobles, pleins de vigueur et de souplesse. Ce sont éminemment les chevaux des poëtes, les chevaux des jeux olympiques : sont-ils chevaux d'Orient? sont-ils indigènes de la Grèce? Nous n'osons point aborder cette question. Qu'il nous suffise de dire que, d'une part, ils sont sensiblement plus légers et plus élégants que le cheval décrit par Xénophon, et que, d'une autre part, nul auteur, à notre connaissance n'a mentionné le cheval d'Orient, avec l'idée de distinction que nous lui attachons aujourd'hui ; tandis que les citations abondent en faveur des coursiers de la Thessalie, de l'Epire, de la Thrace, du Péloponèse, de Mycènes.

Au dixième chant de l'Iliade, Homère met dans la bouche de Dolon un magnifique éloge des chevaux de

Rhésus, roi de Thrace (1), récemment venu au secours des Troyens. « Jamais je n'ai vu, dit le guerrier, de coursiers ni plus beaux ni plus grands que les siens. Plus brillants que la neige ils égalent les vents dans leur course rapide. » — « Jamais, s'écrie le vieux Nestor, en apercevant ces mêmes chevaux, amenés au camp des Grecs par Ulysse et Diomède, jamais, dans ma longue carrière, je n'ai même entrevu de tels coursiers ; les auriez-vous ravis du milieu des cohortes ennemies, ou quelque dieu vous aurait-il fait ce don? Ils brillent de tout l'éclat des rayons du soleil. » Ce sont les mêmes chevaux, qui, attelés au char de Diomède, et rangés, par le sort, à la cinquième et dernière place, gagnèrent le prix de la course dans les jeux célébrés par Achille aux funérailles de Patrocle.

Pindare et les poëtes panégyristes des victoires olympiques ont souvent célébré les chevaux vainqueurs; l'éloge des coursiers était un complément indispensable de la gloire des athlètes, et souvent, on doit en convenir, la louange était non moins méritée par le quadrupède que par le maître.

Mais, trêve de la poésie qui nous montre ses trésors sous des prismes trop fugitifs, sans nous permettre jamais de les approcher, ni de les détailler. Tâchons de pénétrer sous le toit domestique et dans l'étable ; les approches en sont malheureusement difficiles et les ruines en sont

(1) On donnait le nom de Thrace, non-seulement à la Péninsule européenne qui se termine au Bosphore, mais encore à la Péninsule d'Asie, qui lui est opposée et resserrée entre le pont Euxin et la Propontide ; on appelait cette contrée Thrace-Asiatique. Il est vraisemblable que Rhésus venait de cette dernière, et que ses chevaux étaient d'Asie.

presque méconnaissables. Aristote, cet esprit si positif, cet observateur si exact, ne nous donne que quelques lignes à l'égard de la reproduction du cheval. « Le mâle et la femelle, dit-il, sont en état d'engendrer dès l'âge de deux ans; mais ils ne donnent, à cet âge, que des suites faibles et incapables; l'usage est de ne les accoupler qu'à trois ans, afin de s'assurer des produits plus énergiques, et ils se maintiennent dans toutes leurs facultés jusqu'à vingt ans. Après cet âge les mâles continuent de saillir jusqu'à trente-trois ans, et les femelles de concevoir jusqu'à quarante. Si bien que les chevaux sont aptes à se reproduire à peu près tant que dure leur vie (1). » Ce sont là de pauvres documents, mais nous n'en trouvons guère d'autres sur les haras de la Grèce. Prendrons nous au sérieux ce passage du roman de Lucius de Patras, où le héros, métamorphosé en âne, raconte « que son maître ordonne de le lâcher dans les prés où paissaient les juments poulinières, pour qu'il y vécut en toute liesse, n'ayant d'autre souci que de paître l'herbe et saillir ces belles cavales. Arrivé au haras, on le mit avec les juments qui, le matin, allaient en pâture; mais il se vit, de tous côtés assaillir par les étalons qui, le croyant là venu pour s'ébattre avec leurs femelles, le poursuivaient à coup de pieds et déchiraient à belles dents, dont il pensa périr maintefois, victime de la jalousie de messieurs les chevaux (2). » Il résulterait de ce passage qu'en certain haras, du moins, la saillie ne se faisait pas en laisse, mais bien en liberté sur un terrain parqué.

(1) *De historia animantium*, lib. v, cap. xiv.
(2) La Luciade, traduction de Paul-Louis Courier.

Xénophon, celui des Grecs qui nous a donné les détails les plus complets sur le cheval, ne nous dit rien de la production ni des provenances. Et pourtant, dans sa retraite de Scillonte, si délicieusement située entre les pastorales vallées d'Arcadie et le stade glorieux d'Olympie, lui-même élevait des chevaux sur les pelouses du parc qu'il avait consacré à Diane en mémoire de sa périlleuse expédition d'Asie. Il avait, dans le cours de cette guerre mémorable, traversé les riches vallées de l'Euphrate où se forment les plus beaux chevaux de l'Orient; il avait, sur les confins de l'Arménie, vu et capturé des poulains destinés aux écuries du grand roi. Il oublie tout cela, et en consommateur qui ne connaît que la marchandise fabriquée, il conduit son lecteur tout droit chez le marchand de chevaux. Un voile épais est jeté sur tout ce qui précède l'arrivée du jeune quadrupède en ce lieu. Il y enseigne à quels signes on doit distinguer le cheval capable de faire un bon et long service militaire, car il ne s'occupe que de celui-là. « Du poulain encore à dompter, dit-il, c'est le corps seul qu'on examine; l'âme ne se peut guère connaître que du cheval qu'on a monté. Or, dans le corps, ce sont les jambes qu'il faut d'abord considérer : on jugera du pied qui vaut bien mieux épais que mince; il faut voir ensuite si le sabot est élevé ou bas, devant et derrière, ou tout-à-fait plat; car le sabot élevé tient éloigné du sol ce qu'on appelle la fourchette; mais lorsqu'il est bas, le cheval marche également sur la partie solide et sur la partie molle du pied. On connait au bruit la bonté du pied d'un cheval, car le sabot creux résonne sur le sol comme une cymbale. » Si, de nos jours, le célèbre sportman lord Forester, regardait le pied comme la partie la plus essentielle du cheval de chasse, cet organe avait une bien autre importance encore dans l'antiquité alors que les chevaux n'étaient pas ferrés ; aussi tous les anciens insistent-ils beaucoup sur point. Palladius veut un pied sec et solide, chaussé très haut, Virgile demande que le sabot résonne fortement sur le sol,

....., Et solido graviter sonat ungula cornu.

Xénophon recommande, pour fortifier le sabot, de loger le cheval dans une écurie pavée et proprement tenue, de le panser dehors sur un amas de cailloux roulants. Le célèbre Paul-Louis-Courier, traducteur de *l'Équitation* de Xénophon, dit avoir essayé ce régime, à Naples, avec des chevaux de la Calabre, et en avoir éprouvé de bons résultats. Nous ferons remarquer toutefois, qu'en France, soit différence de race ou de climat, les chevaux qui s'élèvent sur les terrains secs et rocailleux ont infiniment de peine à se faire le pied, on sait qu'en Limousin l'encastelure est un défaut commun, et dans le Perche, où le pied du cheval est absolument semblable à celui des statues équines antiques, par la hauteur du talon, ce pied se déchire sur les roches, et ne peut se conserver intact qu'à l'aide d'une ferrure appliquée au poulain dès le premier mois de sa naissance. Nous devons penser qu'il n'y a point de pied si parfait que la ferrure ne le rende encore meilleur pour le service.

« Il faut, continue notre auteur athénien, que les os des jambes soient gros, car ce sont les colonnes du corps. » Puis, comme les anciens n'avaient pas de selles à arçons, mais de simples housses d'étoffe ou de peaux de bêtes, ils prenaient en grande considération, dans la forme du cheval, les avantages qu'elle pouvait offrir à l'assiette du cavalier ; on se gardait bien de demander une épine saillante comme aujourd'hui. « L'épine double est la plus belle et la plus commode pour s'asseoir. » Tous s'accordent à vouloir des reins larges, et ils ont raison, mais Columelle pousse son attention envers le cavalier jusqu'à souhaiter un dos ensellé, *latis lumbis et subsidentibus*. « Le garrot élevé, poursuit Xénophon, rend le cavalier plus ferme en offrant à ses cuisses plus de prise sur les épaules et sur le corps de l'animal. »

Ainsi le garrot, cette clef de voûte de la poitrine et des épaules, n'est apprécié que comme un simple agrément pour le cavalier. Aucun autre auteur ne le recommande, et il paraît avoir été généralement oublié dans les images équestres que l'antiquité nous a transmises. Xénophon, du reste, s'accorde avec les agronomes romains pour vouloir une tête petite, avec yeux et naseaux ouverts, saillants, encolure courte, forte et relevée, crinière épaisse, frisée, tombant à droite, dos large et court, ventre effacé, croupe développée, queue fournie et ondoyante comme la crinière ; mais, seul il dit : « Les oreilles les plus petites et les plus écartées, à leur bases, donnent à la tête l'air plus distingué. » Les hippologues latins, demandent des oreilles petites et redressées, *auribus applicatis*, dit Varron, ce qui n'est pas très-compatible avec un grand écartement à la base. Courier appuie vivement l'idée de Xénophon. « Cette largeur du sommet de la tête, dit-il, regardée chez les anciens comme une beauté, était le trait caractéristique des chevaux qu'on appelait *Bucéphales* ou têtes de bœuf. De ce genre est la belle tête de cheval qu'on voit, à Naples au palais Colombrano. Il ne faut pas croire que ce nom de Bucéphale fût particulier au cheval d'Alexandre, erreur de Pline et de beaucoup d'autres. Bien avant Alexandre, on donnait ce nom à une race particulière de chevaux Thessaliens. Le cheval tant admiré et tant critiqué de Marc-Aurèle, au Capitole, est bucéphale. » M. Houël, en sa savante *Histoire du cheval,* pense comme Courier, que le titre de bucéphale était particulier à une race de Thessalie; que cette race recevait à la fesse, pour marque, une tête de bœuf, tandis que d'autres races, ou plutôt d'autres provenances de cette même contrée, si renommée par les chevaux, recevaient, pour stigmates, soit des lettres de l'alphabet, soit d'autres emblèmes. Nous ne nous prononcerons point entre ces deux auteurs modernes qui tous deux motivent habilement leur opinion sans cependant parvenir à l'évidence.

« On s'étonnera, dit Courier, dans une note, que Xénophon, entrant dans tous ces détails sur le choix d'un jeune cheval, n'avertisse nulle part de se garder de la gourme, par où il aurait commencé apparemment s'il eût connu cette maladie. Le silence de Xénophon vient de ce que ce mal n'existait ni en Grèce, ni dans aucun des pays qu'il avait parcourus. Il n'avait vu que les pays chauds où la gourme est inconnue. On n'en a nulle idée dans le royaume de Naples. » Ajoutons que les trois auteurs latins qui ont parlé de l'éducation du cheval, n'en font également aucune mention.

Xénophon, qui ne pense pas qu'un *gentleman* athénien puisse s'occuper d'élever des chevaux, ne veut pas davantage qu'il emploie ses loisirs à les dresser. « Nous ne croyons pas, dit-il, devoir parler de la manière de dresser les poulains; car, dans les républiques, on désigne pour la cavalerie les jeunes gens les plus riches des familles qui ont le plus de part au gouvernement; et un jeune homme ainsi né, au lieu de passer son temps à dresser des chevaux, fera bien mieux de se former le corps par la gymnastique et d'apprendre l'équitation ou de s'y exercer, s'il est déjà instruit. Quiconque, sur ce sujet, pensera comme moi, donnera son cheval à dresser. » Le même auteur veut absolument que le cheval de guerre soit d'un naturel doux. Tout animal de service, qui n'obéit pas, ne sert à rien; mais le cheval désobéissant n'est pas seulement inutile, il vous trahit souvent et vous livre à l'ennemi. Entr'autres exercices, il recommande d'habituer les chevaux à marcher sur les sols les plus difficiles. « Puisque le cheval devra, selon la nature du terrain, galoper, tantôt en montant, tantôt en descendant, tantôt obliquement, en quelques endroits, franchir un espace, en d'autres, s'élancer hors d'un fond ou d'une enceinte, ou même sauter de haut en bas, ce sont autant de leçons ou d'exercices à pratiquer pour l'homme et le cheval, afin qu'ils agissent d'accord et s'aident l'un l'autre dans le péril. Pour l'habituer à sauter de haut en bas et de bas en haut on lui fera sentir l'éperon. Pour l'accoutumer aux descentes, il faut le conduire, en commençant, par des pentes douces, et une fois habitué, il courra plus volontiers en descendant qu'en montant. Quelques-uns, craignant pour leurs chevaux un écart d'épaule, n'osent les pousser dans les descentes; mais qu'ils soient sur cela, sans inquiétude; les Perses et les Odryses, qui font des courses de défi dans des pentes rapides, n'estropient pas plus leurs chevaux que les Grecs. »

Xénophon entre enfin dans quelques détails assez curieux de pansage, de harnachement, d'exercices équestres. On employait l'étrille, soit de fer, soit de bois, pour les parties charnues du corps, mais on évitait de s'en servir pour la tête, les jambes et même les reins. On lavait la tête, la crinière et la queue, on frottait avec la main les reins et les jambes; « laver celles-ci ne sert de rien, dit-il, cette irrigation journalière gâte la corne; ainsi c'est un usage que nous interdirons. »

On bridait le cheval, comme aujourd'hui, en s'approchant par la gauche, et en passant d'abord les rênes par-dessus la tête. Mais les mors étaient sans branches, c'étaient de simples cylindres ou des filets brisés, avec des rouelles qui portaient sur les barres de la bouche. La sensibilité des barres était sans doute plus éprouvée par ce simple appareil que par l'impression de nos freins curvilignes et à bascule. Aussi notre auteur tient-il infiniment à la qualité des barres du cheval, il les veut ni trop dures ni trop susceptibles, et surtout d'une sensibilité bien égale de chaque côté. Ces rouelles qui étaient assez volumineuses, tenaient constamment ouverte la bouche du cheval monté. La position des mors dans la bouche était fort importante; trop haut, les lèvres étaient blessées et rendues calleuses, trop bas, le cheval pouvait saisir le mors entre ses dents et résister aux aides.

Les étriers étant inconnus, les jeunes gens s'élançaient sur le dos du cheval en s'aidant de la lance, les hommes d'âge se faisaient enlever le pied par des serviteurs, ou cherchaient à profiter d'une borne, d'un avantage du terrain. « Lorsqu'on sera assis soit à poil, soit sur la selle, la bonne assiette n'est pas de se tenir comme sur un siège. Mais plutôt comme si on était debout, les jambes écartées : ainsi placé, on se tiendra mieux des cuisses, et cette position droite donnera plus de force pour lancer le dard ou frapper de près au besoin. » Cette singulière attitude qui jette tout le poids du cavalier sur la pression oblique des cuisses, semble devoir être très-fatigante : c'est pourtant celle avec laquelle sont représentés nos hommes d'armes du moyen-âge, c'est celle aussi qu'affecte le célèbre duc de Newcastle dans la gravure équestre qui précède son traité d'équitation : mais, certes, elle n'a rien de commun avec la position si souple, si moëlleuse, si naturelle avec laquelle les cavaliers des frises du Parthénon sont assis sur le dos tout nu de leurs coursiers.

Quittons enfin le sol classique de la Grèce, où le cheval ne nous apparaît que monté, attelé ou à l'écurie, jamais sur la molle herbe des vallées ; et transportons-nous dans le monde romain où l'élite des guerriers emprunta du cheval son principal titre de noblesse ; — l'ordre équestre. — Là, les poëtes, les artistes ne failliront pas plus au cheval que dans la Grèce, et, de plus, nous serons conduits sur la prairie, tandis que nous n'avons pu apercevoir celle-ci qu'à travers d'épais brouillards, aux flancs des montagnes de l'Epire et de la Thessalie.

Nous nous occuperons peu de Pline, ce singulier naturaliste qui semble n'avoir observé la nature que le jour où sa curiosité lui coûta la vie, et qui écrivit son gros livre sur la foi de récits sans critique. Nous nous bornerons à dire qu'il indique avec Virgile, Bellerophon comme le premier homme qui ait enfourché un cheval, Péléthronius comme l'inventeur des brides et des couvertes. Selon lui, les Thessaliens du mont Pélion, appelés Centaures, combattirent les premiers à cheval; les Phrygiens attelèrent un char à deux chevaux, et Erichthonius un quadrige.

Mais l'antiquité latine nous présente de vrais hommes des champs, des éleveurs qui connaissent la distinction des races, et les moyens de bien faire dans la production. Varron, Columelle, Palladius sont évidemment des hommes bien renseignés et d'un bon sens pratique. La poésie champêtre de Virgile est toujours, comme une luxuriante végétation, profondément enracinée dans le sol; sous les formes divines elle rivalise de réalité avec la prose des trois agronomes que nous venons de citer.

Nous voyons d'abord qu'on distinguait très-bien les races nobles d'avec les races communes, celles-ci pouvaient se reproduire en tout temps, et comme elles l'entendaient, sur les pâturages où elles étaient abandonnées, on ne s'occupait pas plus de leurs alliances qu'on ne le fait aujourd'hui de celles des baridelles de la Sologne, de la Guyenne ou de certains cantons de la Bretagne.

Mais les races nobles, destinées à produire des coursiers pour le cirque, pour les combats sacrés et même pour la guerre, étaient l'objet de soins particuliers.

Les races les plus renommées de l'Italie étaient celles de l'Apulie et de Rosea, petite ville de la Sabine, au pied de l'Apenin. Quoique ces pays soient montagneux, Columelle désire pour la production du cheval : « des pâturages étendus, marécageux, non montagneux, qui soient toujours arrosés, aux herbes plutôt douces que hautes, qui soient enfin, plutôt libres qu'embarrassés par les arbres. Il veut, en outre, que l'on soit pourvu d'une grande quantité de fourrage et d'un bon palfrenier; «car, dit-il, si ces deux conditions peuvent être négligées jusqu'à un certain point à l'égard des autres bestiaux, le cheval demande qu'on y apporte la plus grande attention et exige la nourriture la plus abondante.» Nous voyons par de tels préparatifs qu'il s'agit de produire un cheval de plaine, très-corsé, non un cheval délicat des montagnes. Aussi la description de tous nos auteurs concorde-t-elle avec celle de Xénophon, et se résume-t-elle à peu-près en ces vers de Virgile :

...... Illi ardua cervix,
Argutumque caput, brevis alvus, obesaque terga;
Luxuriatque toris animosum pectus (1).

Tous tiennent à une abondante crinière tombant à droite, à une grosse et longue queue avec des crins frisés. C'est toujours là le cheval de plaine, c'est à cent lieues du cheval de sang. Cependant ces chevaux avaient incontestablement de la distinction et de l'énergie; le sentiment des auteurs qui les ont décrits, le parti que l'on en tirait pour les courses et pour la guerre en offrent des témoignages irrécusables. On attachait la plus grande importance au choix de l'étalon, on voulait qu'il fût de bonne origine et doué de toutes qualités physiques et morales; on ne lui donnait que de douze à quinze juments, vingt au plus. En cela, on était loin de

(1) Virg. Georg. lib. III.

compte avec nos étalonniers du Perche qui donnent deux cents cavales à chaque cheval. Varron demande que l'étalon soit de haute taille et d'une belle structure; les juments, au contraire, doivent être, selon lui, d'une taille moyenne, avec la croupe et les flancs larges. Virgile veut des robes foncées et proscrit formellement le blanc.

> ...... Honesti
> Spadices, glaucique; color deterrimus albis,
> Et gilvo (1).

Et cependant, nous avons vu l'admiration d'Homère et de ses héros pour les blancs coursiers de Rhésus, passés aux mains de Diomède. On sait d'ailleurs que les chevaux des chars de triomphe étaient toujours blancs.

Palladius, plus eclectique, cite un grand nombre de couleurs estimées, le bai, le doré, le couleur de feu, de myrthe, le poil de cerf, le cendré, le noir foncé, enfin le moucheté, le pommelé, le gris-blanc, le blanc et le très-blanc. Viennent ensuite les poils mélangés. Mais en fait d'étalons, dit-il, choisissons de préférence les couleurs nettes et sans mélange (2).

L'époque de la monte était de l'équinoxe du printemps au solstice, afin que les juments pussent mettre bas en temps favorable. Les étalons étaient, au préa-

(1) Bien traduit par Delille:

> Des gris et des bai-bruns on estime le cœur,
> Le blanc, alezan-clair languissent sans vigueur.

(2) *Clari et unius coloris.* Nous pensons que la traduction publiée sous le nom de M. D. Nisard, quand elle interprète *clari* par clair commet une erreur. En fait de chevaux un poil *clair*, si ce n'est le blanc, ne fut jamais estimé; *clarus* veut certainement dire, ici, une couleur relevée, brillante, et est opposé à couleur terne, pâle, incertaine.

lable, engraissés avec de l'orge et de l'escourgeon, et dès que le printemps était venu, le *peroriga* ou palefrenier, devait présenter l'étalon à la jument deux fois par jour; les juments étaient tenues à l'attache pendant l'acte générateur, la saillie se renouvelait jusqu'à ce que les juments, se défendant de l'approche du mâle, indiquaient par là qu'elles étaient pleines. Si la jument tardait trop à entrer en chaleur on la frottait avec de la scylle broyée. Dans un élevage très-recherché, on ne livrait les juments à l'étalon que de deux années l'une, afin de les mieux conserver, et afin qu'il en résultât des produits mieux développés et plus énergiques; les auteurs nous apprennent, en outre, que l'allaitement durait quelquefois deux ans.

Les femelles, une fois pleines, étaient l'objet de soins assidus; elles n'étaient montées ou mises au travail qu'avec de grands ménagements, elle recevaient une nourriture fortifiante, étaient soigneusement garanties du froid; on préservait de toute humidité le sol de leurs écuries pendant l'hiver; portes et fenêtres étaient tenues closes.

« Quand la jument a pouliné heureusement, dit Columelle, on se donnera de garde de toucher à son poulain avec la main, parce que le moindre contact avec un corps étranger suffit pour le blesser. On aura soin de le mettre avec sa mère, dans un lieu à la fois vaste et chaud, de peur que le froid ne lui nuise dans l'état de faiblesse où il sera ou que sa mère ne l'écrase, si le lieu est trop resserré. » On est étonné de tant de précautions sous le doux climat de l'Italie, tandis que, de nos jours, en France, les juments pleines passent dehors une partie de l'hiver, le reste sous des hangars ouverts, et ne semblent redouter des frimas que l'herbe poudrée de gelée blanche, qui leur donne des tranchées et les fait quelquefois avorter. En Vendée, le poulain naît au printemps, sur la prairie, où il reste aussitôt avec sa mère. On se borne à le rentrer avec elle les trois premières nuits, pour prévenir les coliques et les accidents de fossés.

« Il faut éviter, ajoutent nos auteurs, que les poulains ne séjournent trop assidûment dans l'étable, de peur que le fumier ne brûle la corne de leurs pieds ; pour cela, on doit les faire sortir de temps en temps. A cinq mois, on leur donne à chaque fois qu'ils rentrent, de la farine d'orge avec du son, jusqu'à ce qu'ils ne tètent plus. A trois ans, pour dresser le cheval on lui fait prendre un exercice modéré, on doit le frotter d'huile quand il rentre en sueur, et si le temps est froid allumer du feu dans l'écurie. L'homme de guerre choisit et dresse ses chevaux suivant des conditions tout autres que l'écuyer ou le conducteur des chars au cirque. On veut sur le champ de bataille, un coursier plein de feu ; pour faire route on préfère un cheval paisible. C'est pour répondre à cette diversité de vues qu'on a imaginé de castrer les chevaux ; ils deviennent ainsi plus maniables. On appelle *canterii* les chevaux qui ont subi cette opération. »

Cependant l'usage des chevaux castrés paraît avoir été fort restreint, et tout nous porte à croire, dans le langage des écrivains et dans les œuvres des artistes, que le cheval fut généralement employé entier comme il l'est encore aujourd'hui chez les peuples du midi. Cette circonstance excluait à peu près les juments du service militaire; aussi étaient-elles réservées pour la reproduction et pour les travaux agricoles; Courier prétend même que les anciens employaient particulièrement les juments pour le trait, à quoi elles sont plus propres, étant plus basses du devant; elles auraient aussi servi de bêtes de somme dans les armées; et comme le mot pour exprimer ce genre de service était *jumentum*, ce serait de cette origine servile que nous viendrait le mot qui exprime en français la femelle du cheval; cependant toutes les cavales antiques ne furent pas ainsi rejetées sur l'arrière-plan. Les poëtes en ont célébré plusieurs, victorieuses aux jeux olympiques; Homère présente fréquemment à notre admiration, *Æthé*, la véloce jument d'Agamemnon, et les deux merveilleuses cavales qui traînaient le char d'Eumelus. Pline nous dit que les Scythes préféraient pour la guerre l'usage des juments; nous n'adoptons pas le motif qu'il en donne (parcequ'elles ont la faculté d'uriner sans interrompre leur course, ce qui n'est pas même exact); mais, parce que dans les pays de production l'usage des juments est toujours préféré, et parce que chez les Scythes d'autrefois comme chez les Tartares d'aujourd'hui, le cheval était le bétail par excellence; on y mangeait la chair du poulain, tandis qu'on gardait la femelle pour la reproduction, pour le lait, et enfin pour le travail.

Nous ne nous arrêterions pas à la fable de *l'hippomane*, si Virgile, lui-même, n'avait pris soin de prêter le charme de ses vers à ce PUFF antique. On appelait hippomane cette viscosité que répandent les cavales en chaleur; on supposait que c'était un philtre puissant entre les mains des magiciens. Quant aux cavales elles-mêmes, si elles étaient privées du mâle, l'hippomane exposé aux zéphirs sur le bord de la mer, suffisait pour qu'elles fussent fecondées. « C'est un fait très-connu, dit le grave Columelle, lui-même, qui pourtant était né à Cadix, qu'en Espagne et sur le mont Sacer qui s'étend vers l'Occident, auprès de l'Océan, il est souvent arrivé que des cavales ont été fécondées sans avoir été couvertes, et qu'elles ont élevé des poulains qu'elles avaient ainsi mis au monde ; mais, on ne retirait aucune utilité de ces poulains, parce qu'ils mouraient dans l'espace de trois ans, avant de s'être fortifiés. » Pline, qui était le contemporain de Columelle, raconte les mêmes choses et place la scène de ces fécondations surnaturelles à peu près dans le même lieu, en Lusitanie, aux bords du Tage, et près de la ville d'Ulyssipo (Lisbonne) ; nous ignorons lequel de ces deux auteurs a copié l'autre, peut-être ont-ils parlé d'après une même renommée.

Nous ne pouvons terminer, sans dire un mot de la production du mulet chez les anciens. Cette industrie domestique semble remonter, comme celle de la propagation du cheval, aux premiers âges du monde. Le mulet est mentionné dans les psaumes, et le fils du roi-prophète était monté sur une mule lorsqu'il s'accrocha à la branche d'arbre qui lui fut si fatale. Les trois agronomes latins que nous avons cités, parlent de la production mulassière. On doit choisir, disent-ils, une cavale qui ait le corps grand, les os solides, et la figure belle, sans s'embarrasser si elle est vive pourvu qu'elle soit forte. Il faut qu'elle soit en état de supporter le travail du genre étranger, qu'on doit pour ainsi dire, enter en elle. Mais, si l'on a de la peine à trouver des cavales qui soient propres à cet usage ; on a encore plus de peine à choisir le mâle ; on se sert d'un âne, soit domestique, soit sauvage, mais les meilleurs mulets viennent du premier ; ceux provenant du second ont trop souvent la maigreur et l'indocilité de leur père. Xénophon qui tient à grande importance l'épaisse crinière des chevaux, et qui croit que ceux-ci en attachent autant que lui à cet ornement naturel, dit que si une jument fait la rebelle devant le baudet, il suffit de la dépouiller de sa crinière pour qu'elle se sente humiliée au point de se laisser aborder sans résistance par le mari hétérogène qu'on lui présente. Pline était un copiste trop consciencieux pour ne pas répéter ce conte ; les autres n'en parlent pas, et nous les en félicitons.

Tels sont les documents très-incomplets, il faut en convenir, que nous avons pu nous procurer, concernant la production du cheval chez les anciens. Nous y voyons clairement que le cheval était un animal domestique, formé avec soin, s'élevant sous la main de l'homme ; mais, nous manquons de détails satisfaisants sur ses formes précises, ou plutôt sur ses variétés, sur ses provenances et ses aptitudes diverses. Nous pouvons bien accepter comme cheval de service usuel, comme cheval de guerre le destrier décrit par tous nos auteurs ; mais il nous est difficile d'y voir un cheval apte à disputer le prix de l'arène olympique. Il est surprenant que la passion des Grecs pour les courses de chars, ne les ait pas mis sur la voie de la formation d'un cheval plus léger. Car, la palme de la victoire dessine mieux les formes du cheval énergique que tous les préjugés et tous les raisonnements réunis. C'est par l'épreuve que de nos jours, les

Anglais sont parvenus à reconnaître les conditions du cheval le plus puissant, comme coursier et comme générateur ; ils ont fait fléchir toute idée préconçue de forme devant la logique du résultat ; et, chose merveilleuse, l'oracle de l'expérience, ainsi consulté, n'a pas voulu d'autre forme ni d'autre sang, que la forme et le sang du cheval arabe, le cheval évidemment le plus primitif de tous. Les Grecs qui apprécièrent si bien certaines de leurs races indigènes, ne paraissent pas avoir connu le cheval arabe, ni ce que nous appelons le cheval oriental. Jamais leurs auteurs ne le mentionnent, et les œuvres d'art qu'il nous ont laissées sont trop indécises pour que nous puissions en conclure qu'on ait voulu directement représenter ce cheval. Xénophon qui traversa l'Asie-Mineure, la Syrie, un peu de l'Arabie et la Perse, ne parle de chevaux dans toute la narration de sa retraite des Dix mille, que pour dire que les montagnes d'Arménie nourrissent une race plus petite et meilleure que celle des Perses.

Les Romains semblent avoir apprécié, mais fort tard, une race orientale pour les jeux du cirque. Ils avaient d'abord employé avec succès, les chevaux siciliens des environs d'Agrigente; plus tard, ils découvrirent la supériorité de certaines races de l'Asie-Mineure, particulièrement de celle qui paissait sur les pentes du mont Argeus, en Cappadoce.

> ...... Delectus equorum
> Quos Phrygiæ matres, Argæaque gramina pastæ,
> Semine Cappadocum sacris præsepibus arcent (1).

Cette race s'étendait en l'Arménie et se rencontrait,

(1) *Rufinus*, lib. II.

sans doute, avec celle plus petite que la persane, dont a parlé Xénophon.

> Sive illum Armeniis aluerunt gramina Campis,
> Turbidus Argæa seu nive lavit Halys (1).

« La Cappadoce, dit Solin (cap. 4.) est la première terre du monde, pour l'élevage du cheval et la plus favorable à sa multiplication. » Cette indication si précise, tout en nous rapprochant du cheval d'Arabie, semble cependant exclure celui-ci. Strabon, Pomponius-Méla, qui vivaient avant Solin et Rufin, mentionnent l'Arabie pour ses chameaux et ses parfums, jamais pour ses chevaux; ils ne disent rien non plus du coursier de Cappadoce, qui de leur temps n'était pas, sans doute, arrivé sur l'hippodrôme. Cela ne veut pas dire que le cheval arabe n'existât pas, dès lors, dans toute sa perfection; mais seulement, que sa renommée n'avait pas franchi la limite du désert. Saint-Jérôme en nous racontant la vie de Saint Malchus, dit que cet ermite fut enlevé par une troupe d'arabes pillards, montés sur des chevaux et des chameaux; ce qui nous représente les bédouins, au IVe siècle, absolument avec les mêmes mœurs qu'aujourd'hui, cachés au fond du désert avec leurs précieux coursiers. Il était réservé à Mahomet et à ses successeurs de manifester, dans une même explosion, et le koran et le cheval arabe; et certes, ce dernier n'est pas la moindre gloire de l'Islamisme. Les Romains firent quelques éloges des chevaux numides, mais au point de vue local seulement, ils ne cherchèrent pas à les importer et à les acclimater chez eux. Il est vraisemblable que ces chevaux n'appar-

(1) *Rufinus*, ibid.

tenaient pas à la belle race barbe d'aujourd'hui, laquelle, peut-être, ne remonte qu'à l'invasion des Sarrazins, mais à cette variété grêle qui se trouve communément dans l'Atlas.

Ainsi, à l'exception du cheval de Cappadoce, révélé seulement vers la fin du Haut-Empire, il ne paraît pas que les anciens aient connu ou apprécié le cheval oriental, ni ce que nous appelons aujourd'hui le cheval de *sang*. Le type qu'ils estimaient par dessus tout était compact, trapu, fourni de crins épais à la crinière et à la queue. Notre musée national offre malheureusement bien peu d'images du cheval antique. Ce que l'on y trouve de mieux, c'est une statuette de Centaure, laquelle, par conséquent, est privée de la tête et de l'encolure équines; cette circonstance est fort regrettable, car le modèle est excellent; il répond bien aux descriptions de Xénophon, de Virgile, de Columelle; il est ample, nourri, près de terre; mais cette masse charnue est revêtue d'une grande distinction sur toute sa surface; les muscles, les veines sont bien accusés, *Luxuriatque toris animosum pectus;* voilà certes, un très-bon cheval de carrosse, un puissant destrier; mais je ne puis m'en rendre compte pour l'hippodrôme.

Il existe, ou il a existé dans les collections nationales, une statuette antique de même dimension que le Centaure, représentant un cheval écorché que je n'ai pu rencontrer, mais dont une description critique a été faite en 1784, par M. Vincent, professeur royal, et adressée à M. Bachelier, peintre du roi (1). Il paraît que cette statue n'est pas un chef-d'œuvre comme le Centaure, elle a pu

(1) Examen du cheval écorché antique, in-8°, 32 p., Imprimerie Royale.

être faite d'après un mauvais modèle et par un artiste médiocrement hippiâtre. Mais on voit qu'à travers ses défauts, l'image dont il s'agit reproduit le cheval selon l'idée des anciens ; la croupe et le dos sont d'une largeur exagérée, ce dernier n'a pas même une longueur suffisante, l'espace entre la racine des oreilles est excessif comme le veut Xénophon ; le col est gros et court, les épaules sont rondes, démesurément épaisses, le garrot est oublié, les jambes sont courtes et fortes, le sabot est très-élevé, ainsi que tous les auteurs le demandaient en l'absence de ferrage. Toutefois, il faut le reconnaître, les deux statuettes dont il s'agit font contraste avec les chevaux élégants, demi-légers, des frises du Parthénon avec ceux peu exacts des monuments égyptiens, et surtout, avec ceux généralement très-hasardés et très-décousus des vases peints.

Mais les races de chevaux, comme celles de tous les animaux domestiques sont essentiellement diverses, elles varient suivant les lieux et suivant les temps. Il est des races à l'apparence massive qui sont douées d'une grande vigueur et d'une légèreté remarquable. De même que toute forme peut être modifiée dans les animaux domestiques, par la volonté humaine qui a, en quelque sorte, la faculté de les sculpter ; ainsi, cette même volonté humaine peut rassembler d'éminentes qualités sous une forme donnée en procédant, dans l'un et l'autre cas, par les appareillements et le régime. Quelles que soient les images ou leurs descriptions que les anciens nous ont léguées de leurs chevaux, nous pouvons être certains que parmi ceux-ci se trouvaient de rapides coursiers, d'intrépides destriers ; si les apparences physiques nous étonnent quelquefois, le sentiment moral qui a animé tous les témoignages est trop énergique pour laisser le moindre doute à cet égard.

Ch. de SOURDEVAL.

Tours, imprimerie Ladevèze.

www.ingramcontent.com/pod-product-compliance
Ingram Content Group UK Ltd.
Pitfield, Milton Keynes, MK11 3LW, UK
UKHW021518260726
13993UKWH00004B/1741

9 782329 256481